LES

FAUSSES INDICATIONS DE PROVENANCE

AU CONGRÈS DE BERLIN

(MAI 1904)

de l'Association internationale pour la protection de la Propriété industrielle

PAR

M. Alphonse VIVIER

Avocat
Ancien Procureur de la République
Membre de la Société d'Economie politique de Paris.

(Extrait de la Revue Internationale du Commerce, de l'Industrie et de la Banque)

Prix : 50 centimes.

PARIS

LIBRAIRIE GUILLAUMIN ET Cie

14, RUE RICHELIEU, 14

1904

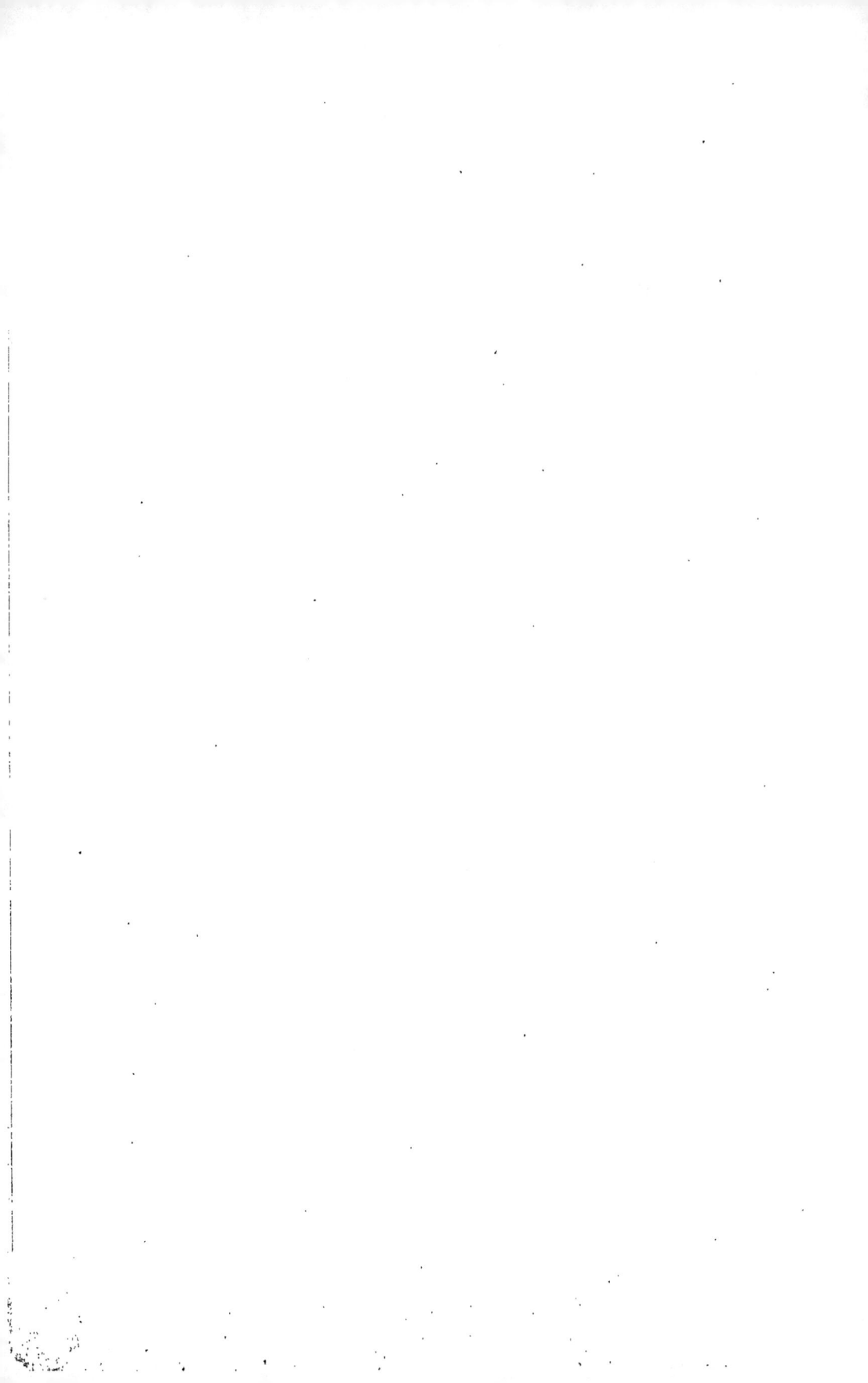

LES FAUSSES INDICATIONS DE PROVENANCE

AU CONGRÈS DE BERLIN

(Mai 1904)

DE L'ASSOCIATION INTERNATIONALE POUR LA PROTECTION

DE LA PROPRIÉTÉ INDUSTRIELLE

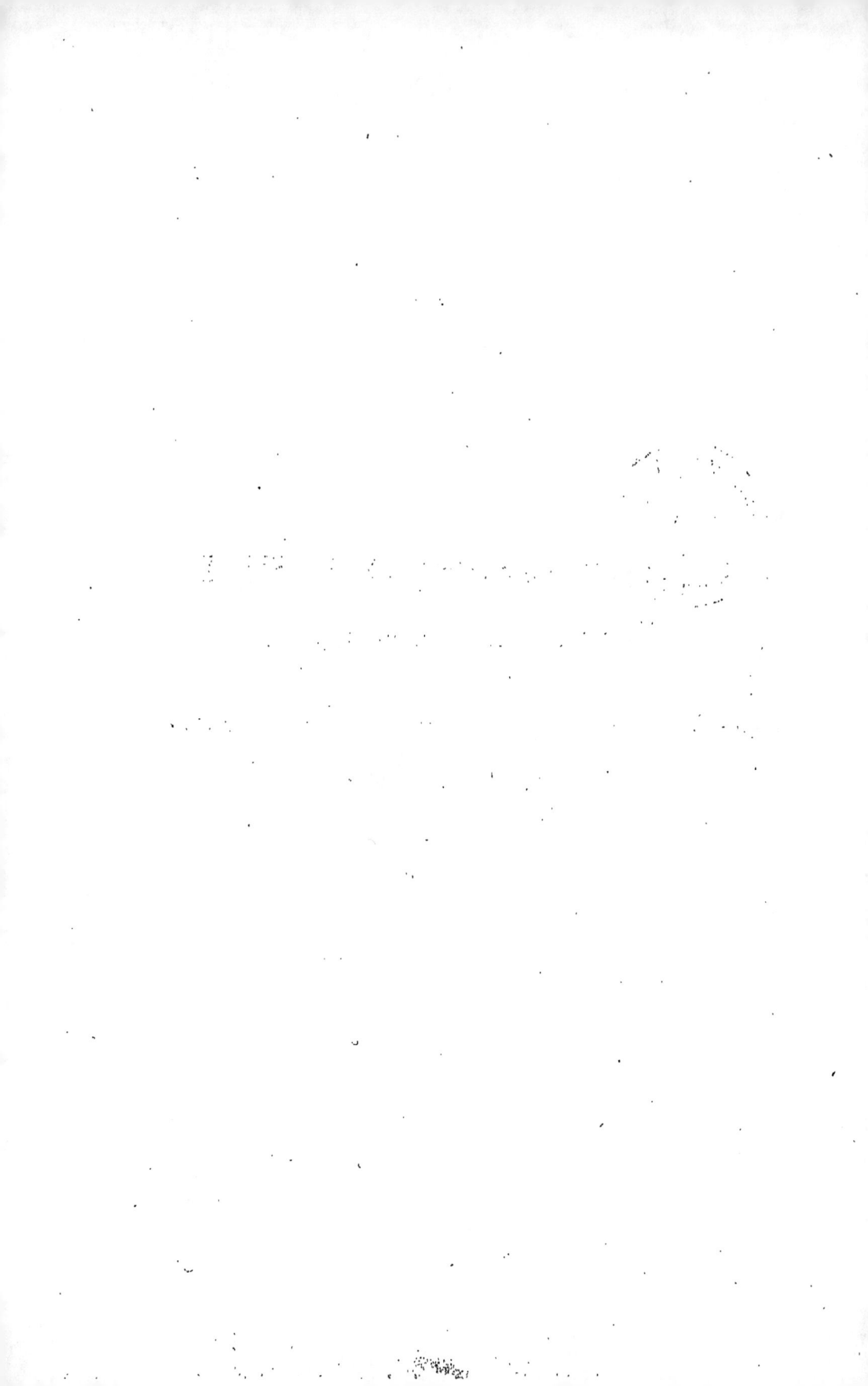

LES

FAUSSES INDICATIONS DE PROVENANCE

AU CONGRÈS DE BERLIN

(MAI 1904)

de l'Association internationale pour la protection
de la Propriété industrielle

PAR

M. Alphonse VIVIER

Avocat
Ancien Procureur de la République
Membre de la Société d'Economie politique de Paris.

(Extrait de la Revue Internationale du Commerce, de l'Industrie et de la Banque)

Prix : 50 centimes.

PARIS

LIBRAIRIE GUILLAUMIN ET Cie

14, RUE RICHELIEU, 14

1904

LES FAUSSES INDICATIONS DE PROVENANCE

AU CONGRÈS DE BERLIN

DE

L'ASSOCIATION INTERNATIONALE POUR LA PROTECTION

DE LA PROPRIÉTÉ INDUSTRIELLE

———————

Le Congrès de l'Association internationale pour la protection de la propriété industrielle, qui s'est tenu à Berlin du 24 au 30 mai 1904, a eu un éclat tout-à-fait exceptionnel, tant par le nombre des congressistes que par l'importance des discussions qui s'y sont produites.

Il convient d'ajouter que l'Allemagne, donnant pour la première fois l'hospitalité à notre Association internationale, nous avait réservé à Berlin une réception comme nous n'en avions encore reçu nulle part ailleurs.

Le Congrès et les congressistes, pendant toute la semaine de leurs travaux, ont siégé au Palais même du Reichstag, dont ils purent admirer la merveilleuse installation intérieure et où ils ont été mis à même de jouir de tout le confortable qu'elle comportait.

Pour le surplus, chaque journée se terminait par de superbes réceptions dont la variété et la cordialité nous ont charmés. Le tout a été couronné par une visite à Potsdam et au château de Sans-Souci, célèbre par les souvenirs de Frédéric-le-Grand et de Voltaire, et par une ravissante excursion sur les bords verdoyants de la Sprée.

Quant aux travaux du Congrès, ils ont été conduits avec une rare compétence par M. Von Schütz, l'éminent directeur des usines Krupp à Berlin, auquel tous les congressistes doivent un véritable tribut de reconnaissance pour la façon dont il a fait, spécialement aux étrangers, les honneurs de la capitale de l'Empire Allemand.

Aux côtés de M. Von Schütz nous avons retrouvé les deux vaillants pionniers de l'œuvre fondée par Pouillet — ce Maître du barreau français dont le nom est inséparable de l'œuvre législative moderne qui a apporté à la propriété industrielle, commerciale, littéraire et artitisque la protection à laquelle avait droit le génie humain : j'ai nommé M⁰ Georges Maillard, de Paris, rapporteur général du Congrès, et M. Albert Osterrieth, de Berlin, secrétaire général de l'Association.

La France était largement représentée au Congrès, d'abord par M. Breton, Directeur de l'office national de la propriété industrielle, délégué de M. le Ministre du Commerce, par M. Charles Legrand, délégué de la Chambre de commerce de Paris, par M. Georges Harmand, délégué de M. le Ministre de l'Instruction publique et par M. Chaumat, délégué de M. le Ministre de la Justice ; ensuite par une cinquantaine de congressistes, jurisconsultes, ingénieurs-conseils, agents de brevets, industriels, commerçants, dont un certain nombre participaient aux travaux du Congrès tant en leur nom personnel que comme représentants de Chambres de commerce, de Syndicats professionnels ou d'autres associations.

∴

Le programme des travaux du Congrès était particulièrement intéressant. Il comportait, en ce qui concerne la revision de la Convention d'Union, les questions suivantes :

A. — DISPOSITIONS GÉNÉRALES.

1° De la portée de l'assimilation des ressortissants de l'Union aux nationaux.

Rapporteurs : MM. Taillefer (France) et Wassermann (Allemagne).

2° De la protection aux expositions internationales.
Rapporteurs : MM. Fchlert (Allemagne) et Mesnil (Angleterre).

B. — Brevets d'invention.
I. — *Droit de priorité.*

a). — Réglementation des conditions d'exercice du droit de priorité.
Rapporteurs : MM. Bert (France) ; Wirth et Ganz (Allemagne).
b). — Droits des tiers pendant le délai de priorité.
Rapporteurs : MM. Kloeppel (Allemagne) ; Armengaud jeune (France),

II. — *Obligation d'exploiter.*

Rapporteurs: MM. Allart (France) ; Axster (Allemagne).

C. — Dessins et modèles de fabrique.

1° Moyens d'assurer pratiquement la protection inter-dessins et modèles de fabrique.
2° Traitement des œuvres d'art appliqué à l'industrie, dans l'état de diversité actuelle des différentes législations.
Rapporteur : M. Albert Osterrieth (Allemagne).

D. — Marques de fabrique et de commerce.

I. — La protection au pays d'origine est-elle une condition essentielle de la protection internationale ?
Rapporteurs : M. Amar (Italie); Schmid (Allemagne).
II. — Enregistrement des marques telles qu'elles ont été déposées au pays d'origine.
Rapporteurs : MM. Vidal-Naquet (France) ; Bruno Alexander-Katz (Allemagne).
III. — Marques collectives.

Rapporteurs : MM. de Ro (Belgique) ; Vigouroux (France).

IV. — Saisie des marchandises revêtues de marques illicites.

Rapporteur : M. Seligshon (Allemagne).

A la suite de cette première partie du programme, le Congrès devait examiner, au point de vue des moyens d'obtenir l'adhésion de nouveaux pays non encore signataires des arrangements de Madrid, les deux questions réglées par ces arrangements et que voici :

1° De l'enregistrement international des marques.

Rapporteurs : MM. Poinsard (Bureau de Berne) ; Mintz (Allemagne).

2° Des fausses indications de provenance.

Rapporteur : M. Richard Alexander-Katz (Allemagne).

C'est à cette dernière question, à la discussion de laquelle nous avons pris plus spécialement part avec un certain nombre de congressistes et délégués français et étrangers, que nous voudrions simplement consacrer les lignes qui vont suivre.

.•.

On sait que certains grands États, parmi lesquels figure au premier rang l'Allemagne, semblent manifester aujourd'hui le désir de ne pas rester plus longtemps en dehors de l'Union, née de la convention de Madrid et des Arrangements ultérieurs qui l'ont suivie et complétée.

Mais, dans ces arrangements, et notamment dans le dernier — celui du 14 avril 1891 — figure un article 4 qui, après avoir posé le principe que, dans chaque pays, les tribunaux auront à décider quelles sont les appellations qui, à raison de leur caractère générique, échappent aux dispositions du dit arrangement, édicte une exception en faveur des appellations régionales de provenance des produits vinicoles, et dispose qu'en aucun cas ces appellations ne pourront être considérées comme des dénominations génériques.

Cette règle, ou plutôt cette réserve, n'est pas née d'un pur caprice ou du désir de créer aux produits vinicoles une situation privilégiée : elle est née de la nature même des choses et devait même, au début, être étendue à tous les produits agricoles, c'est-à-dire à tous les produits qui tirent du sol une partie de leurs caractères propres et spéciaux. C'est ainsi, par exemple, qu'en viticulture, il est reconnu que le produit de la vigne (vin ou eau-de-vie) doit ses caractères particuliers à ces trois éléments — le sol, le climat, le cépage — *qui ne se trouvent nulle part réunis dans des conditions identiques à celles où on les rencontre dans les régions où elles ont donné naissance aux produits auxquels s'est attaché le nom de ces régions.* C'est ainsi que pour le Portugal le vin récolté à Madère n'a pas de similaire ; qu'il en est de même en Espagne pour le vin de Malaga ; en Sicile pour les vins de Zucco ; en France pour les vins de Bordeaux, de Bourgogne, de Champagne, de Saumur et pour les eaux-de-vie de Cognac ; en Allemagne pour les vins du Rhin et de Moselle ; en Hongrie pour les vins de Tokay, etc., etc.

Cependant, l'Allemagne ne veut pas admettre cet article 4 du deuxième arrangement de Madrid, et dans les Congrès précédents, comme celui de Milan, aussi bien qu'au dernier Congrès international du commerce et de l'industrie, tenu à Ostende en 1902, nous nous sommes toujours heurtés à son refus d'admettre la réserve faite en faveur des produits vinicoles, si justifiée qu'elle soit.

Mais, au Congrès de Berlin, elle avait transformé ses objections en une audacieuse prise de possession en ce qui concerne les deux mots de « Champagne » et de « Cognac », les déclarant irrévocablement *incorporés au trésor de la langue allemande.* C'était vraiment aller un peu loin.

Aussi avions-nous le devoir de faire entendre une énergique protestation.

M. Alexandre Henriot, délégué de la Chambre de commerce de Reims et du Syndicat des négociants en vins de Champagne, dans un rapport très substantiel et très documenté, n'a pas eu de peine à démontrer victorieusement aux Allemands qu'ils avaient dans leur langue un mot pour désigner les vins mousseux qui était le mot « *Sekt* », déjà très communément employé, et qui les dispensait, par conséquent, de recourir au mot « *Champagner* » pour les produits de fabrication allemande.

Vaincus sur le terrain des faits, les Allemands ne pouvaient plus guère opposer de résistance sérieuse aux revendications légitimes, en droit, de la Champagne, et il apparaît nettement de la discussion qu'ils sont bien près d'abandonner pour leurs vins mousseux l'usage d'une dénomination mensongère.

Pour le mot « Cognac », ils ne veulent pas encore lâcher leur proie : non que les raisons que nous avons invoquées concernant le caractère et la propriété de ce mot qui, au même titre que celui de Champagne, est une désignation géographique ne pouvant appartenir qu'aux habitants, producteurs et négociants de la ville et de la région de Cognac, ne soient pas tout aussi probantes, et d'ailleurs identiques, mais parce qu'à l'abri de ce nom s'est fondée, en Allemagne, une industrie importante, dite des *Cognacs allemands*, et qu'on ne voudrait pas priver cette industrie de la prétendue distillation des vins en Allemagne de l'usage d'un mot qui, par sa notoriété universelle, demeurera toujours, lorsqu'il s'agit d'eau-de-vie, la meilleure des introductions auprès des consommateurs.

Mais de semblables considérations — voire même une usurpation prolongée d'un mot dont on a, indûment et à son profit particulier, étendu arbitrairement la portée en lui enlevant son caractère de dénomination géographique pour en faire une désignation générique — ne peuvent faire échec à ce qui, au fond, reste immuablement juste : à savoir que seuls les produits vinicoles de chaque région peuvent porter le nom de cette région. Et, en aucun cas, *le fait ne peut primer le droit*.

Or, sur la question du droit, il ne nous a rien été répondu. On ne nous a opposé qu'une question de fait : le long usage du mot « Cognac » et l'absence dans la langue allemande d'un mot pouvant le remplacer pour désigner le produit de la distillation du vin.

Nous avons répondu, tout d'abord, que ce long usage, basé à l'origine sur une usurpation de droit, non contestable en elle-même, ne pouvait pas devenir, même par le temps, générateur d'un droit contraire. Il y a des choses imprescriptibles parce qu'elles sont hors du commerce : les noms géographiques, comme les noms patronymiques, sont de celles-là.

Nous avons répondu, en second lieu, que de même que les Allemands avaient su inventer tout seuls le mot « Sekt » pour désigner leurs vins mousseux, ils finiraient bien, s'ils voulaient y mettre un peu de bonne foi et de bonne volonté, par découvrir un mot de leur langue susceptible de devenir l'appellation générique du produit de leurs prétendues distillations de vin.

C'eût été évidemment trop leur demander que d'attendre d'eux l'abandon immédiat des conclusions si énergiques du rapport rédigé, dans un sens tout opposé à nos revendications, par l'avocat berlinois, M. Richard Alexander-Katz. Mais l'Allemagne sent l'intérêt qu'il y aurait pour elle, pour la protection de sa propre industrie, pour celle de certains de ses produits naturels ou fabriqués — vins du Rhin, bières de Munich, et bien d'autres — à entrer dans l'Union. Et, en présence de notre volonté hautement manifestée de ne jamais consentir à un amoindrissement des garanties que donne aux produits vinicoles français l'article 4 de l'Arrangement de Madrid du 14 avril 1891, il est probable qu'elle-même se rendra à nos raisons et finira par considérer qu'il est préférable **de reconnaître les droits des autres que de se priver du bénéfice de pouvoir défendre les siens.**

Le résultat de la discussion très complète qui s'est produite au Congrès de Berlin à l'occasion des fausses indications de provenance au sujet des mots « Champagne » et « Cognac » aura été celui-ci : c'est qu'en ce qui concerne le mot « Champagne », la cause est pour ainsi dire entendue et que la dénomination des vins mousseux allemands devra être « *Sekt* » et non pas « Champagne », et que par conséquent toute confusion entre les produits français et les produits allemands pourra à l'avenir être écartée par l'emploi d'une dénomination distincte propre à chaque pays.

Quant au mot « Cognac », les Allemands, obligés aujourd'hui de reconnaître eux-mêmes qu'ils n'ont aucune objection de principe ni de droit à opposer aux revendications du commerce français des *Eaux-de-vie de Cognac*, seront fatalement amenés à accepter, avant qu'il soit longtemps, une solution de fait qui cessera d'être la violation du droit. Leur langue est assez riche pour leur permettre d'y puiser ou d'y introduire un mot pour désigner « l'eau-de-vie » qui ne sera pas emprunté aux noms géographiques de France.

Déjà, en 1900, à Paris, lors du Congrès international du Commerce et de l'Industrie, après le très remarquable exposé de la question des marques de provenance fait par le distingué secrétaire général du Congrès, M. Julien Hayem ; après le rapport de M. Huard et les observations si judicieuses de M. le président Neymarck, les principes en la matière avaient été lumineusement déduits. Nous n'avons cessé, dès cette époque et depuis, de lutter pour leur triomphe définitif et nous avons la ferme confiance que le jour en approche de plus en plus.

Au fond, il s'agit dans l'espèce, et sous une forme particulière, *d'une question de probité commerciale*, car il est bien manifeste que, lorsque des produits naturels ou des produits manufacturés tirent du sol qui les a produits ou du lieu où ils ont été fabriqués des caractères spéciaux, leur origine n'est pas indifférente pour le consommateur et l'indication doit en être véridique.

C'est la thèse que nous avons défendue au Congrès de Berlin à l'appui de notre revendication des mots « Champagne » et « Cognac » et qui, en toute justice et en toute équité, doit être acceptée par tous les hommes de bonne foi, même en dehors de toute législation positive.

Notre bon droit, en effet, dans le cas particulier qui

nous occupe, resterait entier, même si le second paragraphe de l'article 4 du deuxième Arrangement de Madrid n'existait pas !

Et c'est précisément cela qui nous rend forts. Ce n'est pas seulement sur un texte précis de la loi positive — que nous ne désespérons pas d'ailleurs de voir les Allemands eux-mêmes accepter un jour — que nous nous appuyons : sur quelque chose de plus solide : à savoir, la raison même.

Dans la lutte que nous sommes allés soutenir à Berlin pour la revendication du mot « Cognac », nous ne saurions trop remercier M. Alexandre Henriot d'avoir si heureusement ouvert la brèche par sa décisive défense du mot « Champagne », qui a été comme la démonstration par le fait de l'inanité des prétentions du rapporteur du Congrès d'incorporer à la langue allemande le nom d'une province française dont les fabricants de vins mousseux allemands peuvent très bien se passer.... et se passent déjà en réalité !

Et nous devons également un tribut spécial de gratitude à l'éminent directeur de l'Office National des brevets, M. Breton, délégué de M. le Ministre du Commerce et de l'Industrie, pour l'énergique déclaration qu'il a faite en revendiquant au nom de la France les mots de « Champagne » et de « Cognac » comme une partie intangible de notre patrimoine national ; à M. Couhin, le distingué avocat-conseil de l'Union des fabricants ; à M. Gérald, député de la Charente, délégué du groupe parlementaire du commerce extérieur ; à M. de Ro, avocat à la cour de Bruxelles, délégué du gouvernement belge — le futur président du Congrès qui se tiendra l'an prochain à Liège, pendant l'Exposition — ; à M. Pinto, directeur général au Ministère du Commerce et de l'Industrie, délégué du gouvernement du Portugal ; enfin, à notre si sympathique rapporteur général, M. Georges Maillard, dont l'esprit et le verbe sont toujours si clairs et si précis, et qui une fois de plus a apporté, en réfutant d'un mot la thèse de son ami Osterrieth, l'appui de sa juste autorité en ces matières à la défense du mot « Cognac », pour lequel il avait déjà vaillamment combattu dans les Congrès précédents aux côtés de son maître Pouillet.

Nous ne devons pas omettre de mentionner en terminant que la bonne grâce de nos contradicteurs — devenus bien vite des amis — et le désir manifeste que leurs conversations intimes nous ont paru révéler d'arriver à une entente — nous font entrevoir comme prochaine une solution conforme au respect absolu des désignations de provenance pour les produits *que la spécialisation de leur production ou de leur fabrication* rend dignes, aussi bien en Allemagne qu'en France et dans tous les pays, d'une protection légitime et nécessaire.

Mayenne, Imprimerie Ch. COLIN.

www.ingramcontent.com/pod-product-compliance
Lightning Source LLC
Chambersburg PA
CBHW050408210326
41520CB00020B/6510